👀 知識繪本館

科學不思議 昆蟲量體重

作繪者｜吉谷昭憲
譯者｜邱承宗

責任編輯｜張玉蓉
特約編輯｜蔡珮瑤
美術設計｜林晴子
行銷企劃｜陳詩茵

天下雜誌群創辦人｜殷允芃
董事長兼執行長｜何琦瑜
媒體暨產品事業群
總經理｜游玉雪
副總經理｜林彥傑
總編輯｜林欣靜
行銷總監｜林育菁
主編｜楊琇珊
版權主任｜何晨瑋、黃微真

出版者｜親子天下股份有限公司
地址｜臺北市 104 建國北路一段 96 號 4 樓
電話｜（02）2509-2800　傳真｜（02）2509-2462
網址｜ www.parenting.com.tw
讀者服務專線｜（02）2662-0332　週一～週五 09:00-17:30
讀者服務傳真｜（02）2662-6048
客服信箱｜ parenting@cw.com.tw
法律顧問｜台英國際商務法律事務所・羅明通律師
製版印刷｜中原造像股份有限公司
總經銷｜大和圖書有限公司　電話（02）8990-2588

出版日期｜2019 年 1 月第一版第一次印行
　　　　　2024 年 5 月第一版第十次印行
定價｜320 元
書號｜ BKKKC110P
ISBN ｜ 978-957-503-260-9（精裝）

HOW MUCH DO INSECTS WEIGH? by Akinori Yoshitani
Text & Illustrations © Akinori Yoshitani 2016
Originally published by Fukuinkan Shoten Publishers, Inc., Tokyo, Japan, in 2016
under the title of "KONCHU NO TAIJUSOKUTEI"
The Complex Chinese rights arranged with Fukuinkan Shoten Publishers, Inc., Tokyo
All rights reserved.

訂購服務
親子天下 Shopping ｜ shopping.parenting.com.tw
海外・大量訂購｜ parenting@cw.com.tw
書香花園｜臺北市建國北路二段 6 巷 11 號　電話（02）2506-1635
劃撥帳號｜ 50331356 親子天下股份有限公司

立即購買 >

科學不思議

昆蟲量體重

文・圖／吉谷昭憲
譯／邱承宗

在ㄗㄞˋ學ㄒㄩㄝˊ校ㄒㄧㄠˋ，每ㄇㄟˇ年ㄋㄧㄢˊ健ㄐㄧㄢˋ康ㄎㄤ檢ㄐㄧㄢˇ查ㄔㄚˊ時ㄕˊ都ㄉㄡ會ㄏㄨㄟˋ「量ㄌㄧㄤˊ體ㄊㄧˇ重ㄓㄨㄥˋ」。不ㄅㄨˋ論ㄌㄨㄣˋ身ㄕㄣ材ㄘㄞˊ高ㄍㄠ、矮ㄞˇ、胖ㄆㄤˋ、瘦ㄕㄡˋ，每ㄇㄟˇ個ㄍㄜˋ人ㄖㄣˊ的ㄉㄜ˙體ㄊㄧˇ重ㄓㄨㄥˋ都ㄉㄡ不ㄅㄨˋ一ㄧˋ樣ㄧㄤˋ。有ㄧㄡˇ些ㄒㄧㄝ人ㄖㄣˊ會ㄏㄨㄟˋ因ㄧㄣ為ㄨㄟˋ比ㄅㄧˇ上ㄕㄤˋ次ㄘˋ測ㄘㄜˋ的ㄉㄜ˙還ㄏㄞˊ重ㄓㄨㄥˋ而ㄦˊ感ㄍㄢˇ到ㄉㄠˋ緊ㄐㄧㄣˇ張ㄓㄤ吧ㄅㄚ˙！

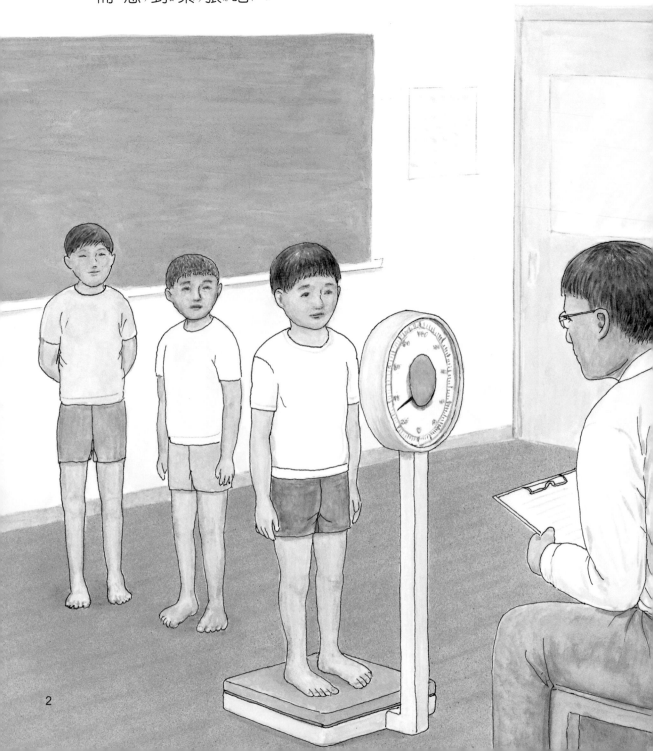

動物園的動物也需要量體重。 其中， 大型的動物， 像是成年大象的重量， 通常超過4000 公斤。 而國小四年級的學生， 平均體重是 30公斤， 所以一頭大象的體重， 差不多是一百三十個小四學生的重量。

體重 4050 kg

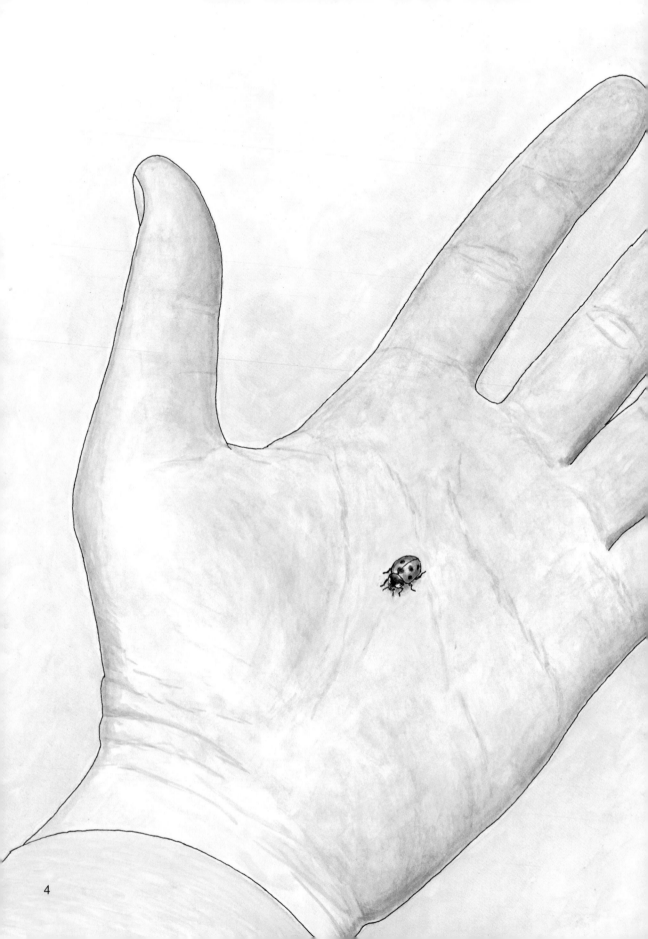

那麼，小型生物的體重呢？
例如，常見的昆蟲有多重？
你有抓過瓢蟲，
把牠放在手心的經驗嗎？
即使你能感覺到牠在手上爬行，
也幾乎感受不到牠的重量吧！
試著把瓢蟲放在烹飪用的磅秤上，
磅秤的數字顯示卻是 0 公克，
因為牠太輕了。 那要怎麼做，
才能測量瓢蟲的體重呢？

我以前在化工公司工作過。
在那裡，當各種藥物混合時，
會採用特殊的「數位電子秤」，
檢測 0.0001 公克的藥物。

「對啊，可以嘗試用那種電子秤測量
昆蟲的體重！」我有了這個想法。

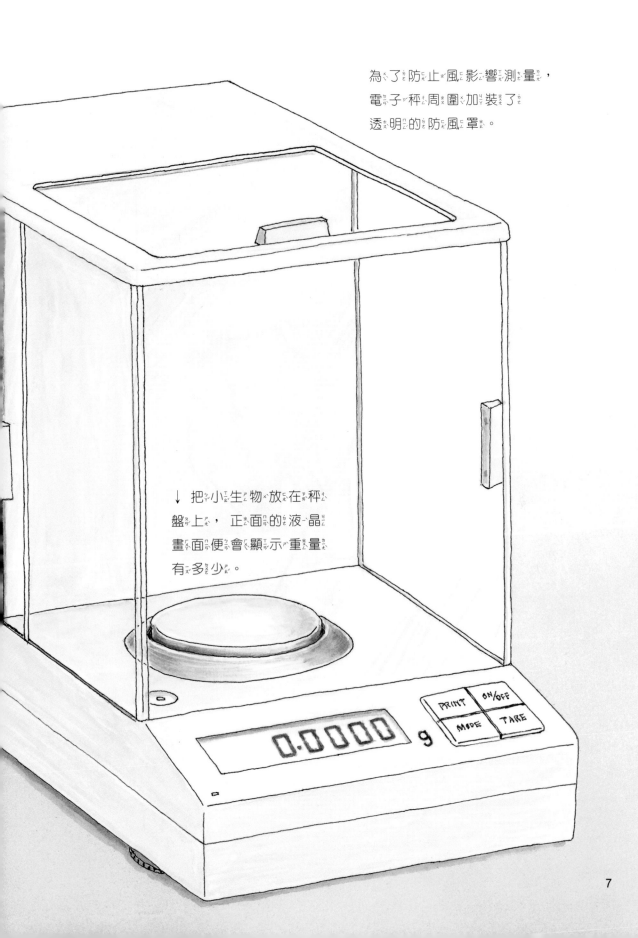

為了防止風影響測量，電子秤周圍加裝了透明的防風罩。

↓ 把小生物放在秤盤上，正面的液晶畫面便會顯示重量有多少。

0.0000 g

PRINT　ON/OFF
MODE　TARE

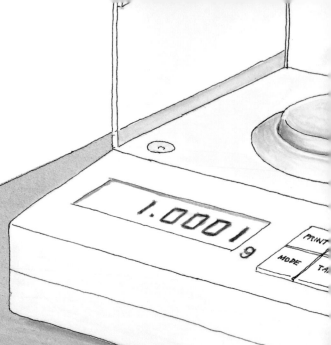

在幫昆蟲量體重之前，先測量
身邊的東西吧！我從零錢包中
取出一元日幣，發現它只有 1 公克。

我很開心，並且嘗試測量了身邊
各種不同的東西：郵票、迴紋針、
牙籤……像這些放在手上感覺不到
重量的東西，也用電子秤來測量，
得到了正確的重量數據。

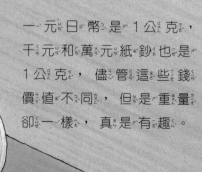

一元日幣是 1 公克，
千元和萬元紙鈔也是
1 公克，儘管這些錢
價值不同，但是重量
卻一樣，真是有趣。

1 枚一元日幣
1.00 公克

1 張衛生紙
0.94 公克

1 張郵票
0.05 公克

1 支牙籤
0.12 公克

1 根火柴
0.15 公克

1 個迴紋針
0.37 公克

1 條橡皮筋
0.23 公克

9

嗯， 終於要測量昆蟲了！
我輕輕抓著一隻瓢蟲，
興奮的把牠放在電子秤的秤盤上，
但是……

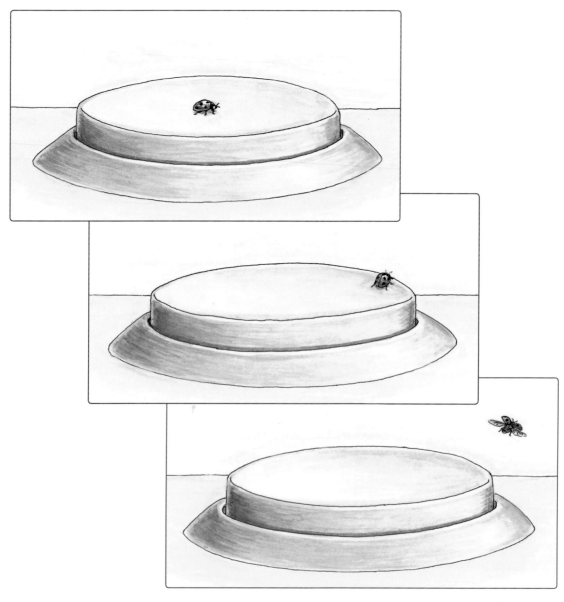

瓢蟲從容不迫的走了一小段路，
然後一眨眼就飛走了。
這樣根本無法測量體重呀！

我在廚房看到裝著餅乾的透明袋子，
忽然想到：「對了，可以把昆蟲放在袋子裡。」
測量後再減去袋子的重量，
就是瓢蟲的體重了。

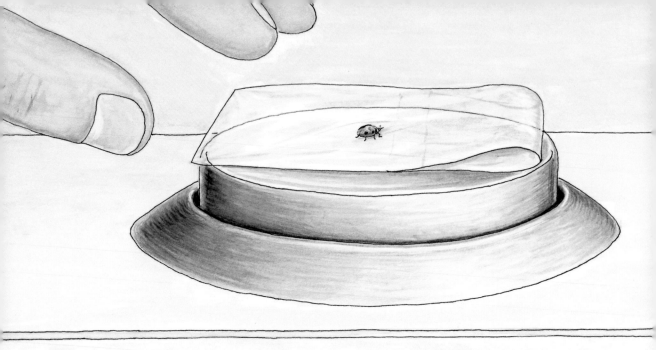

我把瓢蟲裝入袋子，
再放在電子秤的秤盤上。
我必須屏住呼吸，
因為即使是一點氣息，
也會影響重量變化。
結果顯示是 0.4801 公克。
然後減去袋子的重量是……

0.05 公克！

終於測出瓢蟲的體重，
好輕啊！ 我有點驚訝。

因為瓢蟲的體重，
只有一元日幣的二十分之一。
就和一張郵票一樣重。

那麼，哪種昆蟲體重更輕呢？
我在庭院休息時，
一隻斑蚊停在手臂上。
我突然想到：
「嗯，試試這隻昆蟲的重量吧！」

結果是……0.0014 公克！
這意味著七百一十四隻斑蚊，
才等於一元日幣的重量。
多麼出乎意料的輕盈啊！

1 枚一元日幣

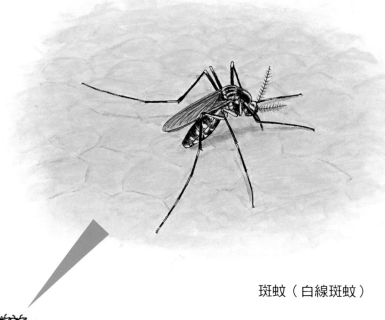

斑蚊（白線斑蚊）

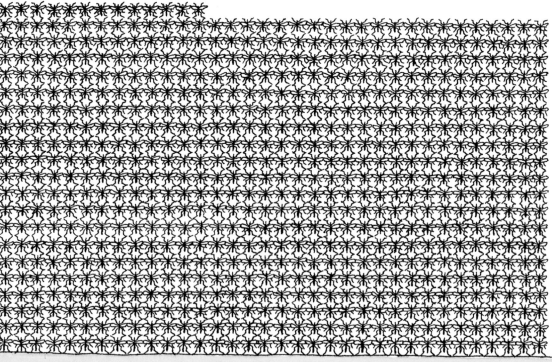

714 隻斑蚊

相反的， 體重最重的昆蟲是獨角仙。

仔細測量，

體型較大的雄蟲就有 **10公克**。

真的很重啊！

這樣就等於十個一元日幣的重量，

也等於兩百隻瓢蟲聚在一起的重量，

真有趣。

再來量量看常和獨角仙打鬥的雄鋸齒鍬形蟲。

結果是 **2公克**， 只有獨角仙體重的五分之一。

又扁又薄的雄鋸齒鍬形蟲， 和獨角仙相比差好多，

也讓我發現獨角仙的厚度和重量，

跟想像的不一樣。

即使是同一種昆蟲，
雄蟲和雌蟲的體重也不相同。
雌尖頭蝗重量是雄蟲的五倍，
雌大螳螂則是雄蟲的四倍，
雌舞毒蛾甚至比雄蟲重了七倍。
而日本大鍬形蟲的重量，
則是雄蟲比雌蟲重兩倍。

尖頭蝗

雄蟲 0.08 公克

雌蟲 0.45 公克

趴在雌蟲背上
不是她的小孩，
而是成熟的雄蟲。

雄蟲 4.28 公克

舞毒蛾

雌蟲
0.93 公克

雄蟲 0.14 公克

日本大鍬形蟲

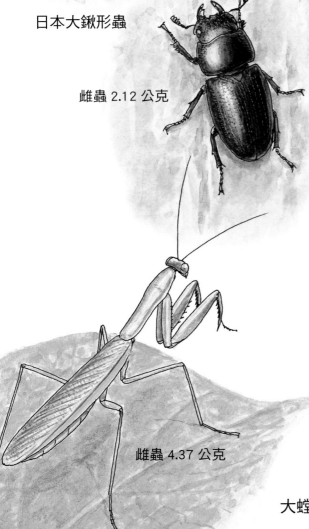

雌蟲 2.12 公克

雌蟲 4.37 公克

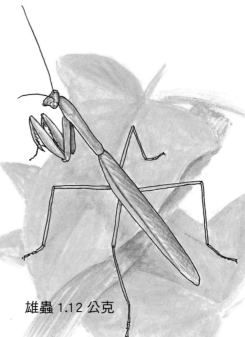

雄蟲 1.12 公克

大螳螂

我對幫昆蟲量體重這件事，
愈來愈樂在其中。

無霸勾蜓（雄蟲）
1.456 公克

柑橘鳳蝶（夏季型・雌蟲）
0.348 公克

東亞飛蝗（雄蟲）
1.428 公克

日本蜜蜂（工蜂）
0.069 公克

中華劍角蝗（雌蟲）
2.967 公克

小環蛺蝶
0.078 公克

白刃蜻蜓（雄蟲）
0.482 公克

橫斑灰象鼻蟲
0.016 公克

樟矮吉丁蟲
0.004 公克

瑠璃星天牛
0.346 公克

水黽
0.028 公克

鳥糞象鼻蟲
0.101 公克

拉維斯氏寬盾椿
0.287 公克

竹節蟲
0.812 公克

日本蟬
2.187 公克

彩虹吉丁蟲
1.402 公克

大紫蛺蝶
1.450 公克

黑點捲葉象鼻蟲
0.009 公克

黑尾大葉蟬
0.047 公克

日本銅騷金龜
1.001 公克

大虎頭蜂（工蜂）
1.074 公克

日本蠍蛉
0.055 公克

日本埋葬蟲
0.412 公克

迴木蟲
0.397 公克

大螳螂（雌蟲）
2.926 公克

凱納奧蟋
0.033 公克

栗山天牛
2.276 公克

鋸齒鍬形蟲（雄蟲）
1.768 公克

獨角仙
（雌蟲）
5.152 公克

梨片蟋（雄蟲）
0.256 公克

紅天蛾
0.482 公克

薄翅蜉蝣
0.058 公克

源氏螢火蟲
0.072 公克

小鍬形蟲
（雄蟲）
0.834 公克

獨角仙（雄蟲）
9.881 公克

黃臉油葫蘆（雄蟲）
1.058 公克

台灣棘腳蟴（雄蟲
0.284 公克

大褐象鼻蟲
0.628 公克

二斑叉紋苔蛾
0.059 公克

褐巢夜蛾
0.009 公克

白雪燈蛾
0.502 公克

大水青蛾
0.989 公克

菊四目綠尺蛾
0.049 公克

端褐蠶蛾
0.138 公克

日本天蠶蛾
2.756 公克

青擬食蝸步行蟲
1.008 公克

牙蟲
1.661 公克

鴟裳夜蛾
0.678 公克

螻蛄
0.689 公克

五月的農田空地上，有許多七星瓢蟲。乍看之下，好像每隻都長得一模一樣，不過用尺測量後，就會發現大個兒和小個兒的體長相差一點二五倍。接著測量體重，更讓我感到驚訝，兩者重量竟然差了近兩倍。

雄蟲 7.0 公釐
0.036 公克

雌蟲 7.0 公釐
0.033 公克

雌蟲 8.0 公釐
0.036 公克

雄蟲 6.8 公釐
0.030 公克

雌蟲 7.5 公釐
0.027 公克

雌蟲 8.0 公釐
0.043 公克

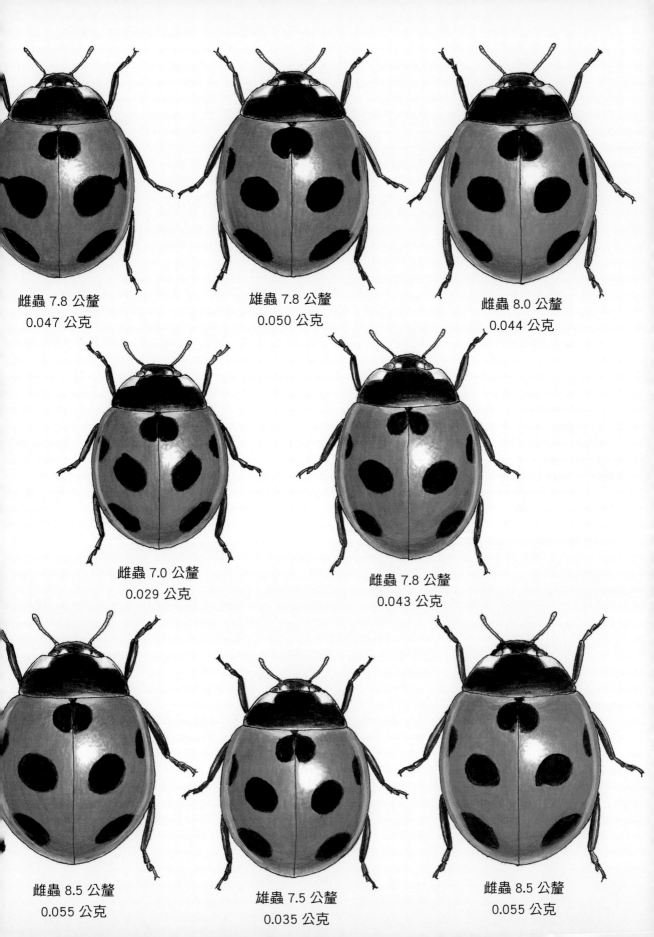

雌蟲 7.8 公釐
0.047 公克

雄蟲 7.8 公釐
0.050 公克

雌蟲 8.0 公釐
0.044 公克

雌蟲 7.0 公釐
0.029 公克

雌蟲 7.8 公釐
0.043 公克

雌蟲 8.5 公釐
0.055 公克

雄蟲 7.5 公釐
0.035 公克

雌蟲 8.5 公釐
0.055 公克

我也曾經以日本關東地區的蝴蝶，
做為調查體重的對象。
在常見的蝴蝶中，
最輕的是沖繩小灰蝶——0.01公克，
重量只有一元日幣的一百分之一。

相͞反͝的͝，最͝重͝的͝蝴͞蝶͞是͞
棲͞息͞在͞山͞區͝的͝大͝紫͞蛺͞蝶͞，重͝ **1.45 公͞克͝** 。
與͝沖͞繩͞小͝灰͞蝶͞的͝重͝量͝落͝差͞，竟͝高͞達͞一͞百͝四͝十͞五͞倍͝！
雖͞然͝都͝是͞蝴͞蝶͞，體͞重͝卻͝有͞很͝大͝的͝差͞異͞呢͝！

大紫蛺蝶和青斑蝶放在一起比較時，
也發現了相當有趣的事。
這兩種蝴蝶的翅膀尺寸差不多，
但是體重卻完全不同。

我重
六倍喔！

大紫蛺蝶（雄蟲）
1.45 公克

青斑蝶（雄蟲）
0.25 公克

大ㄉㄚˋ紫ㄗˇ蛺ㄐㄧㄚˊ蝶ㄉㄧㄝˊ的ㄉㄜ˙身ㄕㄣ體ㄊㄧˇ比ㄅㄧˇ較ㄐㄧㄠˋ厚ㄏㄡˋ，
看ㄎㄢˋ起ㄑㄧˇ來ㄌㄞˊ很ㄏㄣˇ結ㄐㄧㄝˊ實ㄕˊ。
具ㄐㄩˋ有ㄧㄡˇ領ㄌㄧㄥˇ域ㄩˋ性ㄒㄧㄥˋ的ㄉㄜ˙習ㄒㄧˊ慣ㄍㄨㄢˋ，
會ㄏㄨㄟˋ在ㄗㄞˋ空ㄎㄨㄥ中ㄓㄨㄥ驅ㄑㄩ趕ㄍㄢˇ逼ㄅㄧ近ㄐㄧㄣˋ的ㄉㄜ˙生ㄕㄥ物ㄨˋ。
因ㄧㄣ此ㄘˇ，體ㄊㄧˇ內ㄋㄟˋ藏ㄘㄤˊ著ㄓㄜ˙必ㄅㄧˋ要ㄧㄠˋ的ㄉㄜ˙爆ㄅㄠˋ發ㄈㄚ力ㄌㄧˋ。

吸ㄒㄧ食ㄕˊ樹ㄕㄨˋ液ㄧㄝˋ時ㄕˊ，若ㄖㄨㄛˋ有ㄧㄡˇ其ㄑㄧˊ他ㄊㄚ昆ㄎㄨㄣ
蟲ㄔㄨㄥˊ靠ㄎㄠˋ近ㄐㄧㄣˋ，大ㄉㄚˋ紫ㄗˇ蛺ㄐㄧㄚˊ蝶ㄉㄧㄝˊ會ㄏㄨㄟˋ揮ㄏㄨㄟ動ㄉㄨㄥˋ
翅ㄔˋ膀ㄅㄤˇ，試ㄕˋ圖ㄊㄨˊ趕ㄍㄢˇ走ㄗㄡˇ對ㄉㄨㄟˋ方ㄈㄤ。

青᠍斑᠍蝶᠍像᠍滑᠍翔᠍機᠍一᠍樣᠍利᠍用᠍氣᠍流᠍，
輕᠍輕᠍鬆᠍鬆᠍飛᠍得᠍很᠍遠᠍。
唯᠍有᠍身᠍體᠍維᠍持᠍輕᠍薄᠍的᠍狀᠍態᠍，
才᠍能᠍善᠍用᠍氣᠍流᠍飛᠍行᠍。

日᠍本᠍關᠍東᠍地᠍區᠍標᠍放᠍的᠍青᠍斑᠍蝶᠍，
曾᠍在᠍九᠍州᠍被᠍捕᠍獲᠍，牠᠍的᠍飛᠍行᠍
距᠍離᠍超᠍過᠍1000公᠍里᠍。
註᠍：2000年7月2日在日本九州鹿兒島，捕
獲臺灣標放的青斑蝶，飛行距離1200公里。

蒐集了大量昆蟲的體重數據後，
我決定觀察飼養中獨角仙的重量變化。
夏天時在堆肥中誕生的卵粒，
到了冬天前長成肥大的幼蟲。
所以在冬天開始前，我測量了幼蟲的重量，
結果竟然有 30 公克呢！
這是至今為止測量的昆蟲中，
體重最重的。

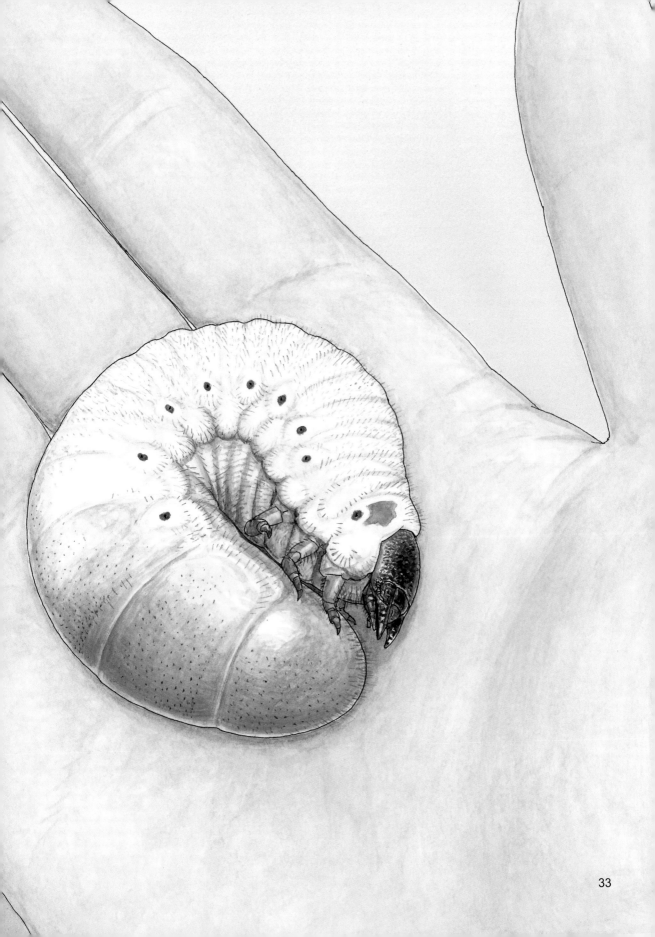

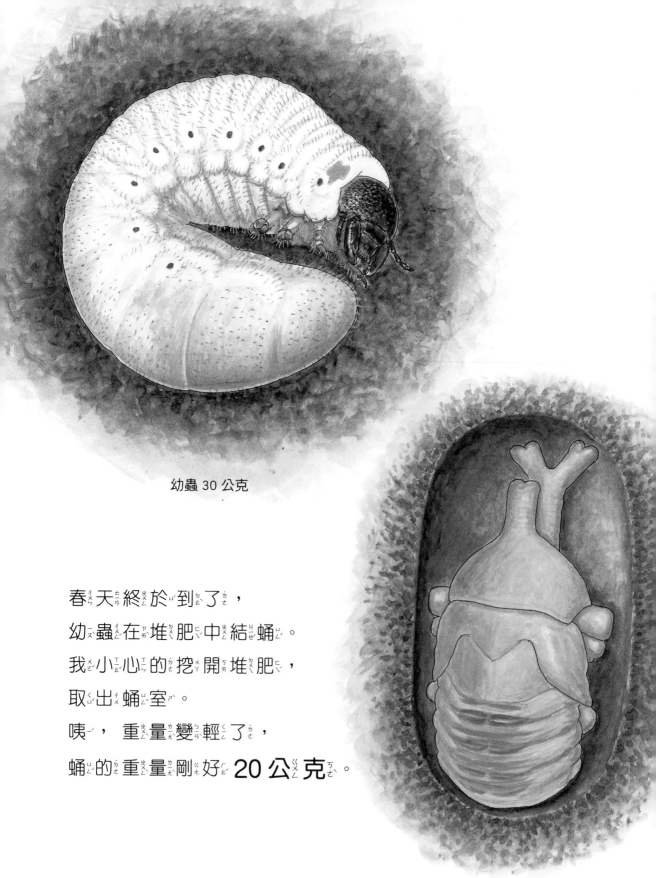

幼蟲 30 公克

春天終於到了，
幼蟲在堆肥中結蛹。
我小心的挖開堆肥，
取出蛹室。
咦，重量變輕了，
蛹的重量剛好 **20 公克**。

蛹 20 公克

成蟲 10 公克

然後蛹長成雄壯的獨角仙，
雄蟲的重量是 **10公克**。
我以為昆蟲隨著成長， 體重會跟著增加，
但事實上， 卻是愈來愈輕。
蛻變為成蟲的雄獨角仙，
翅膀有力的拍打飼養箱， 急著想衝出去。

還有很多昆蟲在蛻變為成蟲後，
體重反而變輕了。 特別是成長時
需經過「卵， 幼蟲， 蛹， 成蟲」
四個階段的完全變態昆蟲，
牠們大多數羽化成蟲後，
都會變得更輕。

日本天蠶蛾
2.7 公克

12.5 公克

紋白蝶
0.1 公克

紅扁蟲
0.02 公克

0.8 公克

0.06 公克

蟻蛉
0.07 公克

雙線條紋天蛾
0.6 公克

0.14 公克

8.0 公克

黑翅黑葉蜂
0.02 公克

0.16 公克

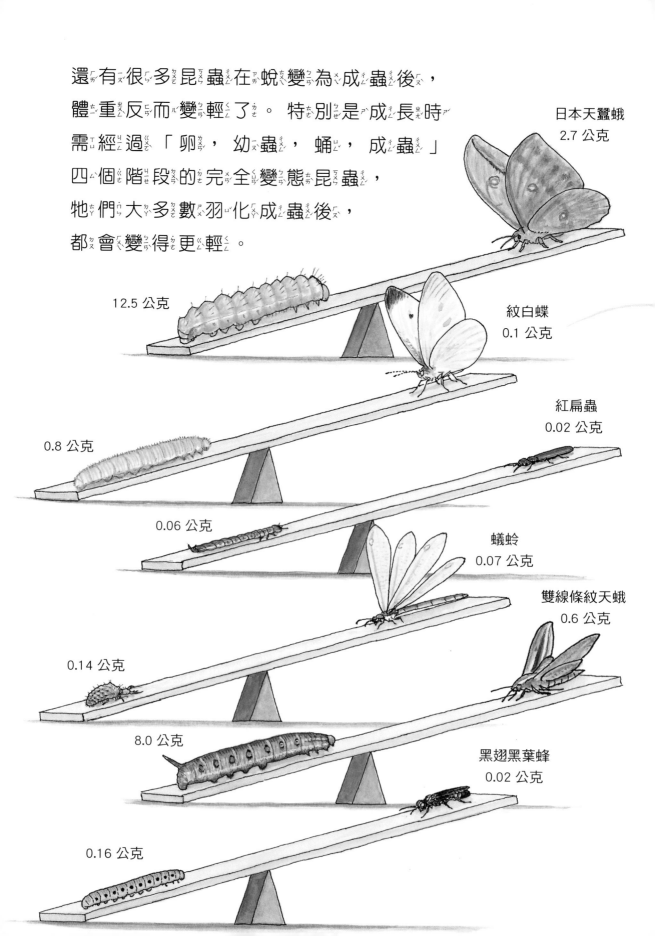

蛻變為成蟲的雄紋白蝶，
飛到高麗菜園，
興奮的期待與雌蟲相遇。

當知道昆蟲的重量後，
再去觀察昆蟲的生活，
就會變得愈來愈有趣。

黑細腰蜂
0.36 公克

褐背露螽
0.20 公克

黑細腰蜂抱著超過自己一半體重的獵物飛行。

吸完血的白線斑蚊
0.0028 公克

斑蚊吸入與體重相同重量的血液後，才飛走。

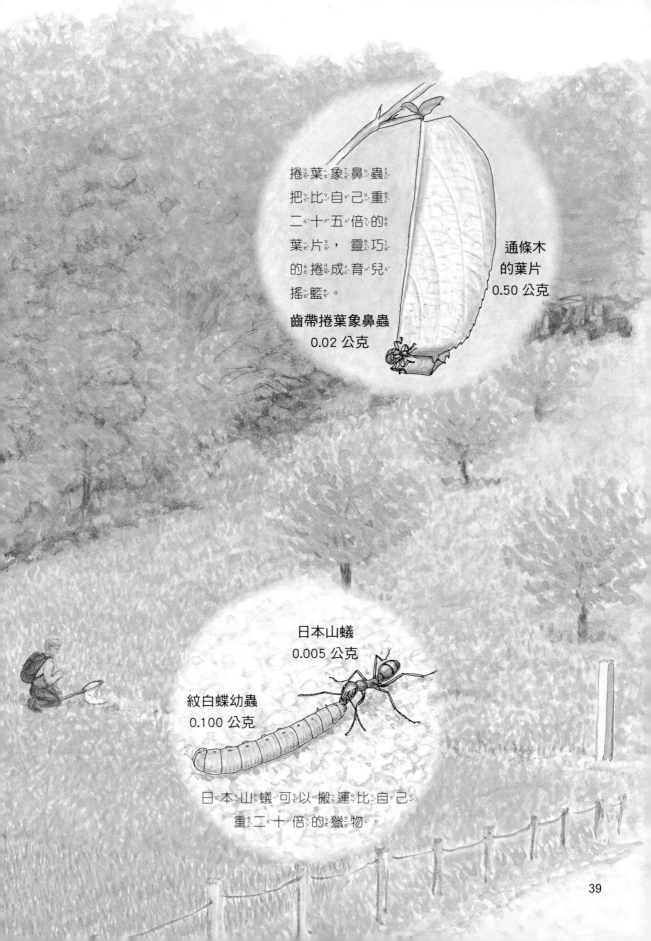

捲葉象鼻蟲把比自己重二十五倍的葉片，靈巧的捲成育兒搖籃。

通條木的葉片
0.50 公克

齒帶捲葉象鼻蟲
0.02 公克

日本山蟻
0.005 公克

紋白蝶幼蟲
0.100 公克

日本山蟻可以搬運比自己重二十倍的獵物。

到目前為止， 我已經測量了一千兩百多種昆蟲的體重， 但是日本有好幾萬種昆蟲呢！ 所以從現在開始， 我想從北海道到沖繩的旅行中， 測量各地不同昆蟲的重量。

不思議日報

作者的話

關於體重測量這件事

文／吉谷昭憲

翻開昆蟲圖鑑，通常都會標示每隻昆蟲的尺寸，可是卻沒有記載昆蟲的重量。

大約十五年前，我取得電子秤時，認為透過這臺機器，應該可以準確測量昆蟲的重量。不過由於這臺機器的精準度太高，即使只是室內的微弱空調也會有所反應，甚至在夏天悶熱的室內，也不能打開窗戶。

在測量過程中，需要打開和關閉電子秤的玻璃罩，只是起立和坐下的動作也很敏感，所以我根本不敢亂動。昆蟲不會乖乖站在電子秤上，因此需要將牠們放入透明袋中。另外，身長只有 0.3 公分的螞蟻，由於體重太輕，必須集結十隻一起過磅，然後再分別計算一隻隻的重量。這些事情需要花費各種精神和功夫去學習。

到今天為止，我測量了約一千兩百種、共三千七百隻的昆蟲，還沒測量到的昆蟲仍然很多。從現在開始，我想繼續研究昆蟲的體重測量。此外，我從七星瓢蟲身上發現，即使同類型，體重也有些微差異。而已經測量過的昆蟲種類，也可能發現出人意料的個體。想到今後能和各種昆蟲相遇，我就覺得很愉快。

這本書記錄了很多昆蟲的重量，後續你可以自由的想像，並與東西比較，例如「這是幾隻瓢蟲的體重呢？」、「約為迴紋針的重量吧！」想必會有有趣的發現呢！

今後在戶外看到昆蟲時，請花點時間想想牠的重量，你會發現周圍熟悉的昆蟲變得更加有趣了。

最後，本書能夠出現夜行性昆蟲的體重數據，全賴新潟縣妙高市夜間採集的夥伴們，謝謝！

作繪者簡介

吉谷昭憲

1950 年生於山口縣，東京農業大學主修昆蟲學畢業，並且以昆蟲為中心，發表了許多插畫和攝影，著作如《科學之友月刊》（かがくのとも）中的〈捲葉象鼻蟲〉（おとしぶみ）、〈尺蠖〉（しゃくとりむし）、〈黑翅珈螁〉（はぐろとんぼ）等眾多繪本。

每個月舉辦自然觀察會，分享熟悉的生物、製作昆蟲巢箱、調查越冬的昆蟲等趣事。

本書是繼〈毛毛蟲步行之路〉（アオムシの歩く道，2013 年 3 月刊）後，在科學雜誌《眾多不可思議月刊》（たくさんのふしぎ）刊載的第二部作品。現今住在東京多摩市。

導讀

突破圖鑑盲點的知識繪本

文／邱承宗
（生態科普繪本作家）

從編輯手中接過《昆蟲量體重》繪本，我一如往常般的隨意翻閱了一下內容。忽然，身體好像被閃電擊中一般，我的視覺停頓在一頁畫著電子秤的畫面上，剎那，腦海浮現：「如果是這種電子秤的話、如果作者是個愛蟲人士的話，也許……」我急忙翻了數頁，果然，一隻肥滋滋的獨角仙幼蟲出現在左頁。

我相信第一次把這種肥滋滋的幼蟲托在手心時，那分沉甸甸的感覺，不僅能感受到昆蟲的生命，也震撼於昆蟲的重量吧！那時的共通感覺：「哇，好重啊！」但是在驚嘆之餘，我們卻理所當然似的把牠放回腐植土裡，沒有思考怎麼把那分厚重的感受，化作實際的數據。現在，本書作者吉古昭憲，卻真的做到了！

書中有這麼一段話：「對啊，可以嘗試用那種電子秤測量昆蟲的體重！」看似輕描淡寫的敘述，實際上，作者已經不知花費了多少時間、做了多少實驗，才想到可以利用那種電子秤測量昆蟲的體重。

是的，真正迷上昆蟲魅力的人，都會為了牠們而廢寢忘食！例如，有人為了尋找某一種昆蟲而探訪世界各地；有人為了飼養某一類的昆蟲而四處搜尋，或者研發飼料；也有人為了拍攝昆蟲而自己動手改良相機……作者吉古昭憲應該也是其中之一吧！當他發現過往的昆蟲圖鑑，只有身長和各部位名稱，卻沒有一本記錄昆蟲的體重時，想必相當的困惑！

那種困惑造成的不滿足，令他犧牲了一些正常生活應該擁有的享受，開始尋找解決的方法。經過多次實驗後，好不容易找到了適合的電子秤，但因昆蟲是活生生的生命體，會走、會飛，怎麼可能乖乖站在電子秤上接受體重測量？面對新的難題，作者「忽然」想到可以把昆蟲放進塑膠袋，一起測量，再減去塑膠袋的重量，而取得昆蟲的體重。這種說詞，依舊是避重就輕的淡然帶過，卻掩飾不了心底的興奮吧！

緊接著，當悶熱的夏天來臨，僅管把昆蟲放在防風罩內測量，但只要戶外的微風吹進室內，或者冷氣機微弱的氣流，甚至作者的氣息和過大的動作，都會影響電子秤的測量結果。作者有因為這些層層阻撓的各種環節，感到麻煩而放棄了嗎？沒有，相反的，他非常樂在其中，享受著自己的遊戲呢！

翻譯這本書的過程，我的心情充滿了愉悅，隨著翻頁的動作，一邊想像著作者在測量新昆蟲的實驗裡，又發現了什麼好玩的事情；另一方面，也讓我重新審視過往在日本追尋昆蟲的點滴回憶。

感謝作者不辭辛苦，為觀看昆蟲百態，走出了新視角，並且完成這本突破圖鑑盲點的「知識」繪本，讓我們的孩子可以增廣另一種知能的可能性。更期待他繼續追尋「測量昆蟲體重之旅」，必會是所有愛蟲者的福氣。

封面昆蟲的重量測量結果

從隊伍的最前面開始，依序為：柑橘鳳蝶（春型、雌）0.305公克、七星瓢蟲0.050公克、赤星瓢蟲0.041公克、獨角仙9.881公克、東亞飛蝗1.428公克、青斑蝶（雌）0.314公克、日本油蟬2.367公克、拉維斯氏寬盾椿0.287公克、無霸勾蜓1.456公克、日本斜紋天蛾的幼蟲1.109公克、源氏螢火蟲0.072公克、瑠璃星天牛0.346公克、鼠婦0．416公克（不是昆蟲，是陸生甲殼類）、中華劍角蝗2.967公克、大紫蛺蝶1.450公克、大螳螂4.375公克（雌、產卵前）、鋸齒鍬形蟲（雄蟲）1.768公克

第8頁和第9頁出現的一元硬幣，重量依製造商而異，僅供作為測量基準的樂趣。（其它硬幣類，也是如此）

製作本書期間，感謝農學博士立川修二先生的鼎力相助。